Unsere Sammlung

»AGRARWISSENSCHAFT UND AGRARPOLITIK«

dient der Veröffentlichung wissenschaftlicher Arbeiten aus dem Gesamtgebiet der Landwirtschaft und der Agrarpolitik. Wir sehen es als unsere Aufgabe an, richtunggebend am Wiederaufbau der landwirtschaftlichen Produktion mitzuarbeiten und das Verständnis für agrarpolitische Fragen zu vertiefen.

Jedes Heft unserer Schriftenreihe wird sich mit einem festumrissenen, in sich abgeschlossenen Sachgebiet beschäftigen. In erster Linie wenden sich die Beiträge an wissenschaftlich interessierte Leser, an Dozenten, Studierende, Verwaltungsbeamte und Praktiker der Land- und Volkswirtschaft. Sie wollen dazu beitragen, die schmerzlich fühlbare Lücke an grundlegenden, neuzeitlichen Fachschriften zu überbrücken.

Die Herausgeber

AGRARWISSENSCHAFT UND AGRARPOLITIK

HERAUSGEGEBEN VON

MINISTERIALDIRIGENT F.W. MAIER-BODE, DÜSSELDORF UND PROF. DR. H. NIEHAUS, BONN

HEFT 2

DEMONTAGE
DER
LANDWIRTSCHAFT

V O N D R . M A R T I N F R E Y

Präsident des Rheinischen Landwirtschafts-Verbandes

SPRINGER FACHMEDIEN WIESBADEN GMBH

ISBN 978-3-322-98307-7 ISBN 978-3-322-99016-7 (eBook)
DOI 10.1007/978-3-322-99016-7

Ursprünglich erschienen bei Westdeutscher Verlag G.m.b.H., Opladen 1948

Impr. WiM - NRW - BIIIa - 17-25 Nr. 1426 vom 18. 2. 1948

Rede des Präsidenten Dr. Martin Frey, auf der ersten Generalversammlung des Rheinischen Landwirtschafts-Verbandes am 24. Oktober 1947 in Köln

Ende Juni 1945 gingen im Nordrheinland alle Funktionen des Reichsnährstandes auf die staatliche Verwaltung über. Damit war der Reichsnährstand bei uns praktisch beseitigt. Daß trotzdem die Reichsnährstandsbeiträge weiter erhoben wurden, das ist ein Kapitel für sich, das einst als Kuriosum der deutschen Nachkriegsverwaltung vermerkt werden wird. Jedenfalls war mit der Beseitigung des Reichsnährstandes die Bahn frei geworden für die Wiederbegründung einer freien bäuerlichen Berufsorganisation und einer landwirtschaftlichen Selbstverwaltung. Der Wunsch nach einer neuen fachlichen Selbstverwaltung in der Art der früheren Landwirtschaftskammer konnte zunächst nicht erfüllt werden. Die Rheinische Landwirtschaft hält jedoch an diesem Wunsche fest. Wir sehen in einer solchen landwirtschaftlichen Selbstverwaltung die geeignete Form für eine bestmögliche Förderung der Landwirtschaft zum Wohle des Volksganzen.

Erfolgreich waren jedoch unsere Bestrebungen nach einer neuen freien Berufsorganisation. In diesem Streben fand die rheinische Landwirtschaft bei der britischen Militärregierung volles Verständnis und bereitwillige Unterstützung. Ich möchte nicht versäumen, von dieser Stelle aus den Vertretern der Militärregierung unseren Dank auszusprechen. Es liegt ganz gewiß im Sinne aller rheinischen Bauern, wenn ich damit den Wunsch verbinde, daß die Militär-Regierung den sachlichen Problemen und Nöten der Landwirtschaft die gleiche Aufgeschlossenheit und Anerkennung entgegenbringen möge, die sie in der Förderung der freien Berufsorganisation gezeigt hat.

Getragen von tatkräftigen und tüchtigen Landwirten aus allen Gebieten des Nordrheinlandes, ist so vor einem Jahr der Rheinische Landwirtschafts-Verband entstanden. Das hinter uns liegende Jahr war in erster Linie dem organisatorischen Aufbau, daneben aber auch dem Beginn praktischer Arbeit auf allen Gebieten des Verbandes gewidmet. Heute können wir feststellen: Die Organisation steht als festes Gebäude, und die Verbandsarbeit von der Verbandsspitze bis zu den Ortsgruppen, ist im besten Fluß. In freien Wahlen sind die Organe gewählt worden. Alle wesentlichen landwirtschaftlichen und gärtnerischen Spezialorganisationen haben sich dem Rheinischen Landwirtschafts-Verband korporativ angeschlossen und wirken in den Fachausschüssen maßgeblich mit. Eine

besonders fruchtbare Zusammenarbeit erstreben wir mit dem jüngst erstandenen Landwirtschaftsamt.
Im Bereich des bisherigen Landesernährungsamtes Bonn sind jetzt durch eine Anordnung des Herrn Ministers für Ernährung und Landwirtschaft die Aufgaben der landwirtschaftlichen Produktion von denen der Erfassung und Verteilung getrennt worden. Die ernährungswirtschaftlichen Aufgaben wurden auf das Landesernährungsamt Nordrhein-Westfalen in Düsseldorf übertragen, während der landwirtschaftliche Aufgabenbereich nunmehr als Landwirtschaftsamt selbständig weitergeführt wird. Wenn unsere Forderungen hinsichtlich der Führung des Landwirtschaftsamtes auch bisher nicht ganz erfüllt werden konnten, so ist doch erreicht worden, daß die Berufsorganisation auf die Führung und die Tätigkeit des Landwirtschaftsamtes wesentlichen Einfluß hat und eine enge Zusammenarbeit gesichert ist.
In unseren Beziehungen zum Ministerium für Ernährung und Landwirtschaft verzeichne ich mit Genugtuung, daß wir im wachsenden Maße zu landwirtschaftlichen Anordnungen gehört werden. Es muß dies auch eine Selbstverständlichkeit sein und zwar so, daß wir vor dem Erlaß solcher Anordnungen zugezogen werden und nicht erst hinterher. Wenn dabei auch unsere Forderungen noch allzuoft unerfüllt bleiben oder nur halb erfüllt werden, so kann uns das nicht beirren. Wir stehen auf dem Standpunkt, daß wir in einer Demokratie leben, und sind der Meinung, daß nach demokratischen Grundsätzen in landwirtschaftlichen Fragen die Stimme der Landwirtschaft ausschlaggebend sein muß. Diesem Grundsatz Geltung zu verschaffen, ist eines unserer Hauptziele.
Mehr und mehr werden landwirtschaftliche und ernährungswirtschaftliche Fragen über die Länderregierungen hinweg von der Zweizonenverwaltung geregelt, z. B. Anbauplan, Kartoffelumlage, Getreideumlage, öffentliche Listenauslegung über die Ablieferung usw.
Auf dieser höheren Ebene der Zweizonenverwaltung die Stimme der Landwirtschaft zu vertreten und ihr nachdrücklichst Geltung zu verschaffen ist Sache der Arbeitsgemeinschaft der deutschen Bauernverbände, der wir uns als Mitglied angeschlossen haben.
Unsere heutige erste Generalversammlung soll sein eine Stunde der Besinnung auf unsere Lage und ein Akt der Ausrichtung unserer Kräfte auf die kommenden Aufgaben.
Eine klare und nüchterne Betrachtung der Lage und der Entwicklungstendenzen in der Landwirtschaft ergibt ein dunkles Bild, ein Bild, über das man die Kennzeichnung setzen muß „Demontage der Landwirtschaft". Es ist notwendig, meine hochverehrten Gäste und meine Bauern, dieses Bild einmal mit knappen Strichen zu zeichnen. Unsere gegenwärtige Situation steht unter dem Schock der industri-

ellen Demontage, Gewerkschaften protestieren, Politiker warnen, Regierungen wollen zurücktreten und tagtäglich schreiben die Zeitungen von der Demontageliste und den Folgen ihrer Durchführung. Die mindestens ebenso schwerwiegende Demontage aber, die sich seit langem in unserer Landwirtschaft vollzieht, wird kaum beachtet. Und doch ist sie eine handgreifliche Tatsache von größter Tragweite.

Das Wort von der Demontage ist im landwirtschaftlichen Bereich gelegentlich gebraucht worden im Hinblick auf den Rückgang der Viehbestände. In der Tat, hier vollzieht sich der augenfälligste Demontageprozeß.

Schon vor der Dürrekatastrophe war dieser Abbau in der Viehhaltung im Gange. Schweinemord, Wiesenumbruch unter Verminderung der Rindviehbestände, Drosselung der Schafhaltung, alles das sind bekannte Maßnahmen, die mit der Notwendigkeit vermehrter Kaloriengewinnung durch verstärkten Getreide- und Kartoffelbau begründet wurden. Warnende Stimmen der Wissenschaft wiesen auf die Ergebnisse langjähriger sorgfältiger Versuche hin, aus denen sich ergibt, daß die Viehhaltung bis zu einer gewissen gesunden Bestandshöhe im Endergebnis keine kalorienzehrende, sondern eine kalorienmehrende Wirkung hat. Sinkende Viehbestände bedeuten daher letztlich Kalorienminderung. Sie führen zu sinkender Bodenfruchtbarkeit und damit zu sinkenden Ackererträgen. Schon die langsame Demontage durch das Schlachtviehprogramm war daher ein verhängnisvoller Entwicklungsweg. Die Dürre dieses Jahres hat diesen Prozeß enorm beschleunigt.

Wir werden in das nächste Frühjahr mit Viehbeständen hineingehen, die sowohl zahlenmäßig wie leistungsmäßig katastrophal geschwächt sein werden. Als Folge dieser Viehverluste sind nicht nur akute Versorgungsschwierigkeiten in Milch, Fleisch und Fett sowie betriebswirtschaftliche Rückschläge ernster Art zu erwarten, sondern infolge verminderter organischer Düngung auch eine weitere Verschlechterung unserer Acker- und Weideböden, die sich bis in die Ernten der nächsten zwei, drei Jahre hinein auswirken wird.

Neben diesem Demontageprozeß am lebenden Inventar der Höfe vollzieht sich aber auch ein in der Öffentlichkeit weniger beachteter Demontageprozeß im toten Inventar. Sie, meine Berufskollegen, wissen es aus Ihren täglichen Sorgen, daß Ihr Bestand an Maschinen, Geräten und anderen Hilfsmitteln immer geringer und immer schlechter wird. Trotz sorgfältigster Behandlung und trotz aller Kompensationen ist es kaum einem Betrieb möglich, sein totes Inventar qualitativ und quantitativ auf gleicher Höhe zu halten. Es geht überall, bei dem einen langsamer, bei dem anderen schneller, abwärts. Wie mancher Bauer ist in diesem Herbst davor zurückgeschreckt, den durch die Dürre hart gewordenen Boden zu bearbeiten, weil sein Pflug daran zerbrochen wäre und er nicht gewußt hätte, woher er Ersatz bekommen konnte. Diese unmittelbare bäuerliche Erfahrung von der Demontage im toten Inventarbestand findet ihre Bestätigung durch die Produktionsziffern in den einschlägigen Industrien. Fast in allen Produktionszweigen für landwirtschaftliche Maschinen und Geräte liegen die Produktionszahlen noch unter dem, was für den normalen Verschleiß zu produzieren wäre. Dabei besteht infolge der unmittelbaren und mittelbaren Kriegsschäden ein gewaltig angestauter Mehrbedarf, an dessen Deckung noch gar nicht zu denken ist. Je länger die Produktion hinter dem normalen Ersatzbedarf zurückbleibt, um so schneller schreitet der Abbau im toten Inventar fort. Die Folgen sind schlechtere und oft verzögerte Bestellungsmaßnahmen, Pflege- und Erntearbeiten mit unvermeidlicher Minderung der landwirtschaftlichen Erzeugung.

Wenn man, meine hochverehrten Gäste und meine Bauern, diese Abbauerscheinungen im lebenden und toten Inventar unserer Landwirtschaft einmal im Hinblick auf den Zustand unserer Böden überdenkt, dann erkennt man einen zentralen Demontageprozeß, der nicht nur unsere Bauern, sondern das ganze Volk mit größter Sorge erfüllen muß. Ich meine die D e m o n t a g e d e r B o d e n f r u c h t b a r k e i t. Wir alle wissen um die Erschöpfungs- und Verarmungszustände unserer Böden. Wir wußten schon seit Jahren, daß im Zuge der Erzeugungsschlachten und der Kriegswirtschaft Raubbau an den Kräften der Erde getrieben wurde. Die Ernterückgänge, die wir seit 1944 zu verzeichnen haben, sprechen eine eindeutige Sprache und das Erschütterndste ist: Dieser Abbau der Bodenfruchtbarkeit schreitet unaufhaltsam fort. Die Landwirtschaft steht hier vor 3 wesentlichen Tatsachen:

1. Minderung der organischen Düngung durch Abbau der Viehbestände und erschwerte Bodenbearbeitung durch Inventarverschlechterung,
2. Völlig unzureichende Versorgung mit anorganischem Dünger, und
3. Befohlene Anbaupläne, die nicht auf Erhaltung und Mehrung der Bodenfruchtbarkeit gerichtet sind, sondern auf Kalorienerzeugung durch Fruchtarten, die ausgesprochene H u m u s z e h r e r sind und bei mangelnder organischer wie anorganischer Düngung die Kraft des Bodens immer weiter erschöpfen. Von der Bodenfruchtbarkeit als der entscheidenden Voraussetzung aller landwirtschaftlichen Erzeugung aus gesehen, sind diese Pläne keine A n baupläne, sondern A b baupläne

Ich halte es für meine besondere Pflicht, auf diese Erscheinung der Demontage unserer Bodenfruchtbarkeit mit allem Ernste und mit größtem Nachdruck hinzuweisen. Es handelt sich hier um das K a r d i n a l p r o b l e m a l l e r l a n d w i r t s c h a f t l i c h e n E n t w i c k l u n g, das nicht nur die Landwirtschaft, sondern alle irgendwie mitverantwortlichen Kreise angeht. Man kann die Fruchtbarkeit der Erde nicht nur durch Atombomben und moderne bakteriologische Kampfmittel zerstören, sondern auch durch kurzsichtige und verfehlte landwirtschaftliche Erzeugungspolitik. In diesem Zusammenhang muß auch der Demontageprozeß gesehen werden, der sich im deutschen W a l d vollzieht. Waldbestände und Bodenfruchtbarkeit stehen in enger Wechselbeziehung. Die Besatzungsmächte, die heute Deutschland verwalten, vereinigen alle Machtmittel der Welt in ihren Händen. Sie tragen damit auch die Verantwortung für das Schicksal der gesamten Menschheit. Die wesentlichste Voraussetzung für ein gedeihliches Weiterleben der Menschheit ist die E r h a l t u n g u n d M e h r u n g d e r B o d e n f r u c h t b a r k e i t. Wer sie um eines akuten Holzbedarfs willen gefährdet handelt nicht im Sinne einer Menschheitsverantwortung. So sehen w i r , aus bäuerlichem Denken heraus, diese Erscheinung der Walddemontage.

Lassen sie mich nun, meine Damen und Herren, noch zwei Demontageprozesse beleuchten, die mehr im Vordergrund der heutigen bäuerlichen Sorgen stehen. Ich denke an die Demontage der b e t r i e b s w i r t s c h a f t l i c h e n R e n t a b i l i t ä t und des b ä u e r l i c h e n L e i s t u n g s w i l l e n s. Trotz aller akuten Ernährungsschwierigkeiten kann man an diesen wirtschaftlichen Existenzfragen der Landwirtschaft nicht länger vorbeisehen, sondern es muß einmal in aller Offenheit und Klarheit davon gesprochen werden. Jeder Bauer sieht sich heute vor die Tatsache gestellt, daß er bald vor dem wirtschaftlichen Ruin steht, wenn er sich nicht bemüht, durch verbotene Geschäfte, insbesondere Kompensationen, wirtschaftlich im Gleichgewicht zu bleiben. Die Preise für landwirtschaftliche Erzeugnisse sind dieselben geblieben. Für einen Liter Milch bekommt der Bauer 18 Pfg., für einen Ztr. Roggen 10.– RM, für Weizen 11.– RM, für Kartoffeln 3.25 RM, für ein Kalb von 40 kg Lebendgewicht ganze 30.— RM, für eine Schlachtkuh 300 bis 400.– RM usw. Demgegenüber sind die Preise für alle Produktionsmittel und Bedarfsgüter um das Mehrfache gestiegen. Ein Hufbeschlag kostet heute, sofern ein anständiger Schmied überhaupt in der Lage ist, für Geld zu liefern, 12.– RM gegenüber früher 5 bis 6.– RM, eine Rübenhacke 2,50 RM gegen 70 Pfg. früher, ein Sack 2.30 RM gegen 40 Pfg. früher. Und so ist es mit allen Kleingeräten dieser Art, Melkeimer, Mistgabeln, Rübengabeln, Spaten usw., sofern man diese Raritäten für Geld überhaupt bekommen kann. Auch Kunstdünger ist im Preise um 50% gestiegen, Reparaturen aller Art, vor allem mit Ersatzteilen sind im Preise um mehrere 100% gestiegen, von den zusätzlichen Naturalforderungen ganz abgesehen. Auch bei Bedarfsgütern landwirtschaftlichen Ursprungs haben wir diese Verteuerungen. So kostet heute eine Zuchtkuh zwei bis drei tausend RM gegen 1000 bis 1200.– RM früher. Selbst unser nötigstes Saatgut ist durch mannigfache Manipulationen wie Vorfracht, Risikoprämien, Sonderzuschläge usw. um 25 bis 30% teurer geworden. Auch die Steuern wurden ohne Rücksicht auf die gleichbleibenden landwirtschaftlichen Preise und die verringerte Betriebsrentabilität beträchtlich erhöht. Dieser Prozeß der betriebswirtschaftlichen Demontage geht unaufhaltsam weiter. Der Industrie, die landwirtschaftliche Produktionsmittel und Bedarfsgüter herstellt, werden auf Grund vorgelegter Kalkulationen immer wieder Preiserhöhungen zugebilligt. Dagegen stoßen Vorschläge auf eine Erhöhung der Preise für landwirtschaftliche Erzeugnisse allerorts auf schärfste Ablehnung. Diese fortschreitende Ausweitung der Preisschere stellt eine Demontage der Betriebsrentabilität dar, die eines Tages erschreckend in Erscheinung treten wird. Bei der Landwirtschaft, meine Damen und Herren, ist es ja so: Drohenden Krisen sucht der Bauer durch Intensivierung seiner Wirtschaft entgegenzutreten. Intensivere Wirtschaft bedeutet aber höheren Aufwand an Produktionsmitteln und Arbeitskräften. Kommt dann die Krise, dann wirkt sie sich am schwersten bei den hochintensiven Betrieben aus. Ganz anders bei der Industrie. Diese begegnet Krisenzeiten mit Einschränkungen der Produktion, also mit einer Einsparung von Aufwendungen für Rohstoffe und Arbeitskräfte. Das geht bis zur Stillegung Die Leidtragenden sind die erwerbslosen Arbeiter.

Das ganze Ausmaß der heutigen betriebswirtschaftlichen Fehlentwicklung in der Landwirtschaft wird jetzt noch verschleiert durch den allgegemeinen Geldüberhang und die dadurch gegebenen finanziellen Reserven, sowie durch das Kompensationswesen, oder besser gesagt, Unwesen. Zu diesem Problem der Kompensation sei nur folgendes festgestellt: Das Kompensationsverfahren wurde nicht von den Bauern eingeführt und zu dem heutigen Umfange entwickelt, sondern von denjenigen, die die für den Bauern so dringend nötigen Bedarfsgüter in ständig steigendem Maße zurückhalten und nur gegen Naturalien herzugeben bereit sind. Wenn wir Bauern dringend die Befreiung von dem heutigen Kompensationszwang wünschen, dann nicht zuletzt aus dem Grunde, weil durch die Kompensationsmöglichkeiten die wirkliche wirtschaftliche Lage der landwirtschaftlichen Betriebe verschleiert wird. Eines Tages wird mit der Währungsreform und dem Aufhören der Kompensationskonjunktur der Schleier fallen und der Bauer steht vor der nackten Wirklichkeit, daß er die um ein vielfaches verteuerten Produktionsmittel und Bedarfsgüter mit dem Geld bezahlen muß, das er aus dem Verkauf seiner Erzeugnisse zu den alten niedrigen Preisen erhält. Dann werden wir in einer Agrarkrise von nie erlebter Schärfe stehen. Volkswirtschaftlich verantwortliche Kreise wissen natürlich um diese Dinge. Von ernsthaften Bemühungen um Gesundungsmaßnahmen hört man jedoch nichts. Oft hat man das Gefühl, als ob man über diese Dinge mit der Meinung hinweg ginge: „Na ja, dem Bauern gehts heute so gut, dann mag es ihm später ruhig mal schlecht gehen“. Eine solche Haltung ist unverantwortlich.

Schließlich, meine Damen und Herren, noch ein Wort zur Demontage des bäuerlichen Leistungswillens. Wer sich heute aufmerksam in bäuerlichen Kreisen umhört, der stößt immer häufiger auf Äußerungen wie diese: „Es hat doch alles keinen Sinn mehr, es geht doch immer weiter abwärts“, oder „Ich habe keine Lust mehr, was soll ich mich noch groß anstrengen, es wird ja doch nicht anerkannt“, oder „Das Durcheinander wird immer größer, das Chaos ist da, wir kommen nicht mehr raus“. Der Bauer beginnt müde zu werden. Sein Schaffensdrang und sein Leistungswille erlahmt. Die nihilistische Welle, die unser Volk durchzieht, droht auch ihn zu erfassen.

1945, nach dem Zusammenbruch, war das noch ganz anders. Die Bauern gingen mit neuer Energie ans Werk. Man konnte das besonders in den kriegszerstörten Gebieten beobachten. Unter Einsatz des Lebens gingen diese Bauern auf ihre vielfach verminten Äcker. Es ist in der Öffentlichkeit leider zu wenig bekannt, daß weit über 1000 Bauern hier noch ihr Leben verloren oder zu Krüppeln wurden. Mit ungebrochenem Leistungswillen hausten sie in Erdlöchern oder Nothütten und gaben sich zäh an den mühsamen Wiederaufbau.

Wenn das heute so anders geworden ist, so liegt das gewiß z. T. an der dunkel verhangenen Zukunft und der Ausweglosigkeit, die das ganze deutsche Leben so verhängnisvoll lähmen. Hinzu kommen aber die vielen Enttäuschungen und Verärgerungen über behördliche Maßnahmen und die Haltung der Öffentlichkeit. Ständig hört der Bauer von Erfassung und Ablieferung. Ablieferungsbescheide und Kontrollen mehren sich immerzu. Alle möglichen berufenen und unberufenen Stellen brüten immer neue Erfassungs- und Kontrollmaßnahmen aus. Um die Voraussetzungen der Produktion aber kümmert sich anscheinend niemand, Dabei ist es doch sonnenklar, daß immer nur das erfaßt werden kann, was erzeugt wird, und daß deshalb die Erzeugung den Vorrang haben muß vor aller Erfassung. Aber in den Erzeugungsvoraussetzungen will sich nichts bessern. Die Beschaffungsmöglichkeiten für Produktionsmittel und Bedarfsgüter aller Art sind seit 1945 immer geringer und schwieriger, der Kompensationszwang immer größer geworden. Während der bäuerliche Betrieb immer schärfer kontrolliert wird, stellt der Bauer an den Kompensationsgeboten fest, daß in der übrigen Wirtschaft offenbar immer weniger kontrolliert wird. So fühlen wir Bauern uns mehr und mehr unter ein belastendes Sonderrecht gestellt. Immer sind es die Bauern, die an allem schuld sein sollen und deshalb schärfer angefaßt werden müssen. Die Bauern sollen durch öffentliche Listenauslegung in ihren Leistungen kontrolliert werden. Wir hätten nichts dagegen, wenn diese öffentliche Kontrolle für alle Berufe eingeführt würde. Aber kein Mensch spricht von öffentlicher Listenauslegung etwa für Textilbetriebe, Schuhfabrikanten, Kohlenhändler, Baustoffbetriebe, Sägewerke, Düngemittelfabriken usw. Jeder weiß, daß dort viel weniger erfaßt wird und viel mehr in dunkle Kanäle wandert als in der seit Jahren statistisch genau erfaßten und vielfach kontrollierten Landwirtschaft. Aber nur auf den Bauern wird herumgehackt. Er ist der staatlich sanktionierte Prügelknabe. Diese ungerechte Sonderbehandlung des Bauernstandes ist einer der Hauptgründe für das Nachlassen des bäuerlichen Leistungswillens. Andere Ursachen sind nichteingehaltene Versprechungen und unerfüllbare Forderungen der staatlichen Verwaltung. So wurde z. B. ein neues Erfassungssystem verkündet mit Kontrollfreiheit und Prämien für den Betrieb, der sein Jahressoll pünktlich erfülle. Es wurde viel darum geredet und gestritten. Schließlich wurde praktisch überhaupt nichts daraus. Statt dessen kommen unerfüllbare Umlagen. So soll die nordrheinische Landwirtschaft eine Getreideumlage aufbringen, die mehr als 25% über der vorjährigen Ablieferung liegt. Dabei ist unbestritten, daß die diesjährige Getreideernte infolge Auswinterung und Dürre weit hinter der vorjährigen zurückgeblieben ist. Nicht viel besser ist es mit der Anbauplanung. Zahlreiche Bauern haben weisungsgemäß Wiesen und Weideland umgebrochen, um dort Kartoffeln zu bauen. Was trotz fester Zusage nicht oder zu spät kam, waren die Pflanzkartoffeln.

Zu diesen Enttäuschungen und Verärgerungen über staatliche Verwaltungsmaßnahmen kommt der ständige Ärger über die bauernfeindliche Haltung der Öffentlichkeit, an der auch Presse und Rundfunk nicht unschuldig sind. Es ist festzustellen, daß im ganzen öffentlichen Leben über die berechtigte Kritik an bäuerlichen Sündern hinaus eine allgemeine Verurteilung des Bauernstandes Platz zu greifen droht, die durch nichts gerechtfertigt ist. Es ist erstaunlich, mit welcher Leichtfertigkeit hier oft Gift gespritzt wird. So ging vor einiger Zeit durch fast alle Zeitungen und auch durch den Rundfunk, Echo des Tages, die bekannte Geschichte von den Trauringen, die sich, wie unsere eingehenden Nachforschungen ergaben, als ein frei erfundenes Märchen herausstellte.

So kursieren dauernd derart erfundene Geschichten, die gewollt oder ungewollt, zum Haß gegen „die bösen Bauern" oder, wie man hierzulande sagt, gegen die „Stinkbure" aufreizen und verbreitet werden.

Ist es da verwunderlich, daß der Bauer, vor allem der ehrliche und fleißige, allmählich die Lust verliert, wenn er immer wieder als verachtungswürdiger Nutznießer der Volksnot hingestellt wird?

Meine verehrten Zuhörer, mit diesem Blick auf die Demontage des bäuerlichen Leistungswillens will ich das Bild der Demontage der Landwirtschaft, das noch um manche Züge ergänzt werden könnte, abschließen. Wer nun aber glaubt, ich hätte dieses Bild aufgezeichnet, um in Schwarzseherei, Pessimismus und Resignation zu machen, der, meine Damen und Herren, irrt sich sehr. Der Rheinische Landwirtschaftsverband wäre schlecht geführt, wenn der Geist seiner Leitung ein Geist der Verneinung wäre. Das wäre auch kein bäuerlicher Geist. Einen bäuerlichen Nihilismus kann es nicht geben. Der rechte Bauer lebt untrennbar mit den Gesetzen und den Rhythmen der Natur. In der Natur aber gibt es keinen Nihilismus, kein Bekenntnis zum Nichts, sondern nur ein ewiges Ja, das Ja der Schöpfung, die durch alles Werden und Vergehen hindurch immer wieder neues Leben gebiert. Deshalb möchte ich denen unter Ihnen, meine Bauern, die da sagen: „Es hat alles keinen Sinn mehr" zurufen: „Halt! Sie gehen in Ihrem Denken und Fühlen Irrwege. Der treue Dienst an der Erde hat immer Sinn; er trägt seinen Lohn in sich, auch wenn ihm die äußere Anerkennung zeitweilig versagt wird und sich die Schwierigkieten zu Bergen türmen". Und denen, die vom Chaos reden, aus dem es keinen Ausweg gäbe, möchte ich sagen: „Jedes Chaos kann zur schöpferischen Stunde werden, wenn ein schöpferischer Wille sich mit lebendigen Ideen zu neuer Zukunftsgestaltung paart". Darum rufe ich die gesamte rheinische Landwirtschaft auf zu unbeirrrem Dienst an der ewigen bäuerlichen Aufgabe und zum gemeinsamen Kampf gegen alle Demontage-Tendenzen.

„Von der Demontage zum Aufbau", das soll unsere Parole sein. Unermüdlich wollen wir nach Wegen suchen, diesen entscheidenden Kurswechsel herbeizuführen.

Betrachten wir kurz die Aufgaben, die sich für uns und für das Volksganze aus dieser Zielsetzung ergeben.

Zunächst ist ganz allgemein zu sagen: „Vieles liegt an uns Bauern selbst, und wir wollen alles tun, was in unseren Kräften steht, sei es in der Einzelarbeit auf unseren Höfen, sei es in der Gemeinschaftsarbeit, die innerhalb der Organisation und durch ihren Einsatz geleistet werden kann. Auf allen Gebieten höchstes bäuerliches Können zu entfalten und einen unerschütterlichen Leistungswillen in uns lebendig zu machen und wach zu halten, das soll unser Grundstreben sein. Jedoch, wir allein schaffen es nicht. Das gesteckte Ziel kann nur erreicht werden, wenn auch die Staatsführung und die gesamte Volkswirtschaft ihre Planung und ihre Maßnahmen darauf ausrichten. Im Einzelnen ergeben sich zu den vorhin dargestellten Demontageerscheinungen im landwirtschaftlichen Bereich folgende Forderungen: Der Wiederaufbau unseres Viehbestandes nach Ablauf des vor uns liegenden Hungerwinters in quantitativer und qualitativer Hinsicht, geht in erster Linie uns selbst an. Alle Ergebnisse und Erfahrungen in der Tierzucht, der Tierhaltung, der Fütterung und des Futteranbaues, müssen nach dem Beispiel vorbildlicher Betriebe für die gesamte nordrheinische Landwirtschaft fruchtbar gemacht werden. Hier haben die

Tierzuchtverbände, ferner die neuen Beratungsvereine oder Landringe, sowie alle sonstigen örtlichen Arbeitsgemeinschaften, nicht zuletzt auch die Orts- und Kreisgruppen des Verbandes eine wesentliche Aufgabe.
Die Staatsführung hat dafür zu sorgen, daß dieser Wiederaufbau der Viehbestände nicht durch übersteigerte Schlachtviehprogramme oder sonstige verfehlte Anordnungen verhindert wird, und daß eine gesunde Preisgestaltung für Nutzvieh den erforderlichen Ausgleich unter den einzelnen Gebieten ermöglicht. Auch an die Militärregierung richten wir die Bitte, bei ihren Weisungen den Erfordernissen einer gesunden Viehhaltung der Landwirtschaft Rechnung zu tragen.
Für die Überwindung der Demontage am toten Inventarbestand können wir Bauern außer pfleglicher Behandlung unserer Maschinen und bestmöglicher Nachbarschafts- und Gemeinschaftshilfe nur wenig tun. Hier müssen alle Stellen der gewerblichen Wirtschaft, vom Wirtschaftsministerium über die Industrieverbände und die Gewerkschaften bis zu den verantwortlichen Betriebsleitern, das Erforderliche veranlassen. Unsere Ernährungskrise hat in allen Volkskreisen zu einer neuen Erkenntnis von der Bedeutung der landwirtschaftlichen Produktionsmittelindustrie geführt. Es ist zu hoffen, daß diesen Industriezweigen nun auch mehr und mehr der Vorrang eingeräumt wird, der ihnen gebührt. Dabei ist zweierlei zu fordern:
Erstens eine verstärkte Produktion, die nicht nur den laufenden Verschleiß ersetzt, sondern auch eine allmähliche Deckung des angestauten Bedarfs ermöglicht; zweitens eine straffe Erfassung und Lenkung, damit die Produktionsmittel der Landwirtschaft wieder legal und zu gerechten Preisen zugeführt werden können. Es wäre eine dankenswerte Aufgabe für die Gewerkschaften, hier ihren Einfluß geltend zu machen. Dazu ein kurzes, grundsätzliches Wort: In allen deutschen Ländern hat die Nachkriegsnot erkennen lassen, wie sehr die landwirtschaftliche und gewerbliche Produktion von einander abhängig sind und wie notwendig deshalb eine verständnisvolle Zusammenarbeit zwischen Bauerntum und Arbeiterschaft ist. In Bayern hat sich zwischen dem dortigen Bauernverband und den Gewerkschaften eine feste Arbeitsgemeinschaft gebildet. Ein gleiches Streben nach neuen Formen einer fruchtbaren wechselseitigen Unterstützung zwischen Bauern und Arbeiterschaft ist in den übrigen Ländern aller Zonen festzustellen. Auch hier im Nordrheinland erstreben wir eine laufende Zusammenarbeit mit den Gewerkschaften, die nach einer kürzlichen ersten Aussprache demnächst konkretere Formen annehmen soll. Wir glauben, daß wir in unseren Bemühungen, in der Landwirtschaft von der Demontage zum Aufbau zu kommen, auf die volle Unterstützung der Gewerkschaften rechnen können.
Nun, meine Damen und Herren, einige Worte zu der bedeutsamen Frage, was gegen die Demontage der Bodenfruchtbarkeit zu tun ist. Zwei

Forderungen haben wir hier nach *außen* an die Staats- und Wirtschaftsführung zu richten. Die erste Forderung betrifft die Versorgung der Landwirtschaft mit Handelsdünger.
Wir wissen wohl, daß unsere erschöpften Böden nicht von heute auf morgen einfach mit dem Düngersack wieder auf Hochtouren zu bringen sind, denn es ist nicht nur der Nährstoffmangel, unter dem der Boden leidet, sondern vor allem der Humusabbau, der sich seit Jahren vollzogen hat. Aber es ist gerade in jüngster Zeit oft darauf hingewiesen worden, daß die größere Handelsdüngeranwendung auch in hohem Maße der Humusanreicherung dient.
Verstärkte Produktion von Handelsdünger ist deshalb ein dringendes Gebot. Die rheinische Landwirtschaft muß daher die alsbaldige Errichtung eines *neuen* Kalkstickstoffwerkes fordern, falls das für die Stickstoffversorgung Nordrheinlands und der Westzonen überhaupt so wichtige Werk Knappsack demontiert werden sollte.
Die zweite Forderrung, die wir nach *außen* zu richten haben, geht an die staatliche landwirtschaftliche Verwaltung und betrifft die *Anbauplanung*.
Soweit Anbaupläne von Staatswegen überhaupt notwendig erscheinen, sollen sie in erster Linie nicht nach fragwürdigen Kalorienrechnungen, sondern nach den aus Wissenschaft und Praxis gewonnenen Erkenntnissen über die Erhaltung der Bodenfruchtbarkeit aufgestellt werden. Sie müssen in Einklang stehen mit der Dünger- und Saatgutlage. Insgesamt sollten sie so gestaltet sein, daß sie im Hinblick auf die Bodenfruchtbarkeit nicht nur als *An*bau-, sondern auch als *Auf*baupläne bezeichnet werden können. Im übrigen, meine Bauern, liegt die Verantwortung für die Hebung der Bodenfruchtbarkeit bei *uns*.
Ich will dazu nur einige Stichworte nennen:
Verbesserung der Dünger- und Jauchepflege, Ausdehnung der Kompostbereitung und Anwendung vor allem für Wiesen und Weiden, vorbildliche Bodenbearbeitung, Ausrichtung der Fruchtfolge nach den Möglichkeiten der Bodenverbesserung unter besonderer Förderung des Leguminosenbaues und erweiterte Gründüngung. Meine Bauern, die Gefährdung der Fruchtbarkeit unserer Äcker läßt es nicht zu, daß wir nur in alten Gleisen weiterfahren und darauf warten, daß uns wieder volle Handelsdüngermengen zur Verfügung gestellt werden. Vielmehr muß sich jeder Betriebsinhaber immer wieder überlegen, was er aus eigener Kraft, durch gesteigertes Wissen und Können, zur Erhöhung der Bodenfruchtbarkeit tun kann. Gerade über diese Dinge sollte sich unter den Bauern ein ständiger und lebendiger Austausch von Erfahrungen und Anregungen ergeben. Hier liegt auch ein besonders dankbares Wirkungsfeld für die Beratungsvereine und alle sonstigen örtlichen Arbeitsgemeinschaften.
In der Frage der *Wald*demontage können wir nur den Wunsch an die

Militärregierung richten, den Holzeinschlag auf ein tragbares Maß zu beschränken und in allen weiteren Planungen den Gesichtspunkt der Erhaltung der Bodenfruchtbarkeit gebührend zu berücksichtigen. Im übrigen wird es Aufgabe der Forstwirtschaft sein, durch vermehrte Aufforstungsmaßnahmen zu versuchen, die heute entstehenden Schäden im Laufe der Jahre wieder auszugleichen.

Nach diesem Blick auf die Wege zu neuer Bodenfruchtbarkeit komme ich zum Problem der betriebswirtschaftlichen Demontage, der Zerstörung der Betriebsrentabilität durch die auseinandergehende Preisentwicklung, den überhöhten Steuerdruck und andere Belastungen. Hier handelt es sich um volkswirtschaftliche Fragen, die wir vom bäuerlichen Sektor aus nicht lösen können. Wir appellieren deshalb in diesen Fragen eindringlich an alle verantwortlichen oder mitverantwortlichen Kreise des Staates und der Wirtschaft, dieser wirtschaftlichen Existenzfrage des Bauerntums rechtzeitig die notwendige Beachtung zu schenken, das heißt, eine Preis- und Steuerpolitik zu treiben, die zu gesunden und produktionsfördernden Verhältnissen führt.

Hierzu Vorschläge und Anregungen zu entwickeln, wird eine wesentliche Aufgabe unserer berufständischen Organisation sein. Forderungen zur Erhöhung landwirtschaftlicher Preise stoßen immer auf die festgefahrene Vorstellung, daß Lebensmittelpreise auf keinen Fall erhöht werden dürften. Dabei ist es heute doch so, daß jeder gerne 2.– oder 3.— RM mehr für den Zentner Kartoffel gäbe, wenn sie nur da wären. Eine produktionsfördernde Kartoffelpreiserhöhung wäre also durchaus möglich und würde vielleicht besser wirken, als ein Befehl zum Kartoffelmehranbau. Wir Landwirte fragen uns oft, warum die gegenwärtige Zeit einer erhöhten Wertschätzung landwirtschaftlicher Erzeugnisse nicht zu Preisverbesserungen in Angleichung an gewerbliche Preise genutzt wird. Nicht, weil wir die heutige Situation ungebührlich ausnutzen wollen, sondern weil wir den schnellen Ruin zahlreicher landwirtschaftlicher Betriebe kommen sehen, wenn die heutigen Geldreserven einmal fehlen und die illegalen Auswege nicht mehr gangbar sein werden.

Das Kompensationswesen muß und wird wieder verschwinden. Es ist als Notmaßnahme ein unvermeidliches Übel, darf aber nicht zur Dauererscheinung werden. Es verdunkelt die Betriebsklarheit, die Betriebswahrheit und verdirbt außerdem den Charakter, auch den bäuerlichen.

Der Weg, den das Bauerntum schon vor langen Jahrzehnten zur wirtschaftlichen Selbsthilfe, insbesondere zur Preisverbesserung und zur Kostenminderung beschritten hat, ist auch heute und künftig von größter Bedeutung. Ich meine das landwirtschaftliche Genossenschaftswesen, die Bezugs- und Absatz-Genossenschaften. In gesunder Konkurrenz mit dem Landhandel sollen sie dafür sorgen, daß die landwirtschaftlichen Erzeugnisse auf dem kürzesten und billigsten Weg zum Verbraucher kommen und umgekehrt die Produktionsmittel und Bedarfsgüter auf dem billigsten Weg zum Bauern gelangen.

Von größter Bedeutung für die Bezugs- und Absatzregelung ist das Transportwesen. Dazu ein Beispiel: Die Landwirtschaft sorgt sich um die Düngemittelbeschaffung. Dabei lagern allein 7.000 t Stickstoff bei der Ruhrchemie, aber es fehlt an Waggons zum Transport.

Seit Jahrzehnten gehört es zu den maßgeblichen Grundsätzen des Transportwesens, daß die Beförderung landwirtschaftlicher Produkte und Produktionsmittel zu bestimmten Saisonzeiten den Vorrang hat vor allen anderen Transporten. So müßten diese lebenswichtigen Transporte auch heute allen anderen Güterbeförderungen vorgehen, auch den Kohlenzügen nach dem Auslande.

Das Ziel, dem wir aus der heutigen betriebswirtschaftlichen Demontage heraus zustreben, ist ganz einfach dahin zu kennzeichnen: Es muß wieder so werden, daß der ordentlich wirtschaftende Bauer mit seiner Familie gesichert leben kann. ohne daß er krumme Wege zu gehen braucht.

Die Schaffung der volkswirtschaftlichen und betriebswirtschaftlichen Voraussetzungen für gesicherte bäuerliche Existenzen ist auch von entscheidender Bedeutung für eine richtige Lösung des Problems, das heute im politischen Leben so viel umkämpft wird. Ich meine die Bodenreform. Ziel aller Bodenreform soll doch Siedlung, d. h. die Schaffung neuer Bauernstellen sein. Wir begrüßen dieses Streben nach einer Verbreiterung der bäuerlichen Grundlage unseres Volkes durchaus, zumal im Hinblick auf die von ihrer Heimatscholle vertriebenen Ostflüchtlinge. Aber, meine Damen und Herren, wer bei der gegenwärtigen Situation eine Siedlerfamilie auf eine durch Bodenreform gewonnene Fläche setzen würde, der würde diese Familie wahrscheinlich nur unglücklich machen. Die allgemeine wirtschaftliche Lage mit dem Fehlen aller Voraussetzungen für die Bildung und die Ausstattung neuer Höfe und die betriebswirtschaftliche Lage, in der unsere eingesessenen Bauern bei legaler Wirtschaftsführung stehen, würde für Neusiedler von vorneherein den wirtschaftlichen Ruin bedeuten. Es hieße deshalb Mißbrauch treiben mit dem gesunden Siedlungswillen, wollte man nun durch Bodenreform Land beschaffen, ohne die erforderlichen Voraussetzungen für lebensfähige Siedlung zu sichern. Wir möchten daher wünschen, daß sich die vielfältigen Energien, die sich heute auf die Bodenreform stürzen, zunächst einmal mit der gleichen Kraft und Leidenschaft um die Schaffung gesunder wirtschaftlicher Verhältnisse in der Landwirtschaft allgemein bemühen möchten. Erst dann werden Bodenreform und Siedlung wirklich sinnvoll werden. Ich komme nun, meine hochverehrten Gäste und meine Bauern, zu der letzten der aufgezeigten Demontageerscheinungen, zu den Abbautendenzen im bäuerlichen Leistungswillen. Daß diese Erscheinungen in der Form zunehmender Gleichgültigkeit, pessimistischer Haltung und müder

Resignation da sind, kann niemand bestreiten. Sie drohen zu einer regelrechten Untergangsstimmung zu werden, die allergrößte Gefahren für das Volksganze in sich birgt. Diese innere Gefahr zu überwinden, ist unbedingt notwendig, und hier, meine Bauern, liegt die Hauptaufgabe bei uns. Es hängt entscheidend von uns selbst ab, ob wir solche Stimmungen aufkommen lassen oder nicht.

Freilich, so weit diese Entwicklung durch Umstände von Außen verursacht ist, fordern wir mit aller Entschlossenheit, deren Beseitigung. Das gilt vor allem für die vielfach festzustellende behördliche Fehlbehandlung der Landwirtschaft. Diese fließt hauptsächlich aus zwei Quellen.

Die eine, kleinere Quelle sind die bereits erwähnten Anbaupläne und alle gleichartigen Maßnahmen. Unsere Haltung dazu läßt sich in zwei Sätzen zusammenfassen: Erstens: Je weniger der Staat in die Betriebsführung hineinredet, umso besser ist es. Zweitens: Soweit aus Gründen der Ernährungsplanung Anbauweisungen erteilt werden, müssen sie den gegebenen Voraussetzungen entsprechen, und produktionsfördernden Charakter haben.

Die zweite große Quelle ist die Erfassung mit all ihren Begleiterscheinungen, wie Zählungen, Ablieferungsbescheiden, Kontrollen, Ordnungsstrafen usw. usw. Wir möchten natürlich am liebsten den ganzen staatlichen Erfassungsrummel los sein und wieder zu freier Wirtschaft kommen. Jedoch sind wir darüber im klaren, daß es eine öffentliche Bewirtschaftung und damit eine Erfassung geben wird, solange die Nahrungsdecke zu kurz ist. Die Erfassung muß jedoch so durchgeführt werden, daß sie den Bauern nicht alle Lust an der Arbeit nimmt, sondern im Gegenteil -- ihn anspornt.

Es dürfen keine unerfüllbaren Forderungen gestellt werden wie z .B. die jetzt bekanntgegebene Getreideumlage. Die Erfassung muß ferner den anerkannten Gegebenheiten Rechnung tragen. Es geht nicht, daß man bei Erfassungsanordnungen so tut, als ob es gar keinen Zwang zur Kompensation oder zu Überdeputaten gäbe. Der Bauer, der solche Anordnungen bekommt, in denen er jedes Verständnis für die wirklichen Tatsachen vermißt, legt solche Zettel in die Schublade und zitiert den Götz von Berlichingen. Mit Recht beschweren sich unsere Bauern ferner immer wieder darüber, daß nur bei der Landwirtschaft erfaßt wird, während die übrige Wirtschaft, insbesondere auch die landwirtschaftliche Produktionsmittelindustrie, große Freizügigkeit genießt und gerade dadurch den Bauern in den Kompensationszwang versetzt. Aus der grundsätzlichen Ablehnung einer herabsetzenden Sonderbehandlung haben wir auch gegen die öffentliche Listenauslegung protestiert, und wir halten diesen Protest aufrecht, solange nicht die gleiche öffentliche Kontrolle für andere, nicht minder lebenswichtige Wirtschaftszweige eingeführt wird. Für die *Betriebskontrollen*, die ja bei jedem Erfassungssystem ein mehr oder weniger notwendiges Übel sind, verlangen wir, daß sie von *orts- und sachkundigen Personen* durchgeführt werden. Deshalb hatten wir auch gefordert, daß in den Marktleistungsausschüssen, deren Errichtung wir durchaus begrüßen, der *Ortsvertrauensmann* den Vorsitz zu führen hat.

Als uns das neue Erfassungssystem bekannt gegeben wurde, haben wir es grundsätzlich begrüßt, weil es in seinen Grundzügen wirklich geeignet ist, die landwirtschaftliche Erfassung in eine produktions*fördernde* Richtung zu bringen. Ich will jetzt nicht nochmals von den Enttäuschungen reden, die uns diese vorerst gescheiterte Erfassungsreform gebracht hat. Aus den Erörterungen um dieses neue System haben wir jedenfalls Gewißheit gewonnen, daß eine Erfassung *möglich* ist, *ohne* den Bauern ständig zu verärgern und in seinem Leistungswillen zu lähmen. Deshalb hoffen wir, daß das neue Erfassungssystem im nächsten Jahr in verbesserter und reiferer Form doch noch zur Einführung kommt.

Bis dahin müssen wir versuchen, alle aus der gegenwärtigen Notlage geborenen und nur vom Ernährungsstandpunkt aus getroffenen Erfassungsmaßnahmen in vernünftige Bahnen zu lenken. Dabei liegt uns besonders der Schutz des Saatgutes für das nächste Jahr am Herzen. Ich möchte an dieser Stelle nicht versäumen, an alle mitverantwortlichen Kreise in Stadt und Land den dringenden Appell zu richten, dieser Saatgutsicherung ihre besondere Aufmerksamkeit zu schenken. Es darf – auch bei der härtesten Anspannung der Ernährungslage — nicht geschehen, daß das Saatgut für die nächste Bestellung irgendwie durch überspannte Ablieferungsforderungen oder wilde Kontrollausschüsse angegriffen wird. Die Gefahr hierfür ist ist nahe, sehr nahe, – die Folgen würden garnicht auszudenken sein.

Größte Sorge hat uns Bauern in diesem Jahr das katastrophale Ausmaß der Felddiebstähle und die völlig unzureichende Art der Bekämpfung dieses Übels gemacht. Die ganze Öffentlichkeit ruft unaufhörlich nach besserer Erfassung, kümmert sich aber kaum um die hunderte von Zentnern, die in der Erntezeit Tag für Tag und Nacht für Nacht von den Feldern gestohlen werden. Mit bäuerlichem Selbstschutz ist da wenig zu machen; denn jeder Bauer, der selbst den Wachdienst übernimmt, setzt erfahrungsgemäß sein Leben aufs Spiel. Die Fälle mehren sich, in denen Bauern in Ausübung der Feldwache erschlagen oder erschossen werden. Im Grunde genommen ist es doch so: Die Felddiebstähle treffen in der heutigen Notzeit stärker die Allgemeinheit als die Bauern, deshalb wäre es eine *öffentliche* Aufgabe ersten Ranges, einen ausreichenden Feld- und Flurschutz durchzuführen.

Nun noch ein Wort zur Haltung der Öffentlichkeit dem Bauernstand gegenüber. Man gewinnt oft den Eindruck, als sollte der Bauer planmäßig zum Schuldträger für die heutige Ernährungsnot erklärt werden. Das lehnen wir schärfstens ab als ein Manöver zur Verschleierung der wahren Ursachen unserer Not. Die wahren Ursachen sind der unselige totale Hitlerkrieg mit dem ebenso totalen politischen und wirtschaftlichen Zusammenbruch Deutschlands, die Abtrennung unserer gerade für die Getreide- und Kartoffelversorgung so wichtigen Agrar-Überschußgebiete im Osten mit der Zwangsaussiedlung der dortigen Millionen Deutschen nach dem an sich schon übervölkerten Westen, die weitgehende Zerstörung und anhaltende Lähmung unserer Industrie, die Aufspaltung Restdeutschlands in vier verschieden verwaltete Zonen und dazu eine mangelhafte Wirtschafts- und Agrarpolitik. Wenn wir es so ablehnen, als die Schuldigen hingestellt zu werden, so verurteilen wir keineswegs jede Kritik an Mißständen in unseren eigenen Reihen. Wir Bauern sind Menschen mit den gleichen Fehlern und Schwächen, die alle anderen Menschen auch haben. Bleibt die Kritik an uns wahr und gerecht, dann ist dagegen nichts zu sagen. Geht sie jedoch über zu lügenhaften Geschichten – wie die mit den Trauringen – zu Übertreibungen und Verallgemeinerungen, und beschränkt sie sich einseitig auf den Bauernstand, dann wird sie zum volkszersetzenden Gift, das den Städter verhetzt und den Bauern mehr und mehr verbittert.

Meine Bauern, gegen alle diese Dinge wollen wir uns kräftig unserer Haut wehren. Nicht mit müder Resignation oder bitterer Abstumpfung wollen wir antworten, sondern mit tapferer Selbstbehauptung aus dem festen Bewußtsein heraus, einer Aufgabe zu dienen, die weit über alles Tagesgeschrei und auch alle Erfassungsmaßnahmen hinaus reicht. Nicht zuletzt um dieser Selbstbehauptung willen haben wir uns ja wieder zusammengeschlossen zu einer starken, freien Berufsorganisation, deren heutige erste Generalversammlung eine Kundgebung ungebrochenen bäuerlichen Leistungswillens im Dienste des Volksganzen sein soll. Wenn wir jetzt an unsere Aufgaben heran gehen, die sich aus unserem Entschluß „Von der Demontage zum Aufbau“ ergeben, dann soll dies geschehen im Sinne jenes Dichterwortes, das uns Goethe schenkte und das uns Deutschen in schweren Stunden immer wieder Kraft und Vertrauen zu geben vermag:

Allen Gewalten
zum Trotz sich erhalten,
nimmer sich beugen,
kräftig sich zeigen
rufet die Arme der Götter herbei.

In der gleichen Schriftenreihe sind erschienen bzw. in Vorbereitung:

Heft 1: Prof. Dr. H. Niehaus, Bonn:
Theorien, Vorschläge und Gesetze zur Agrarreform. 1947
16 Seiten RM 1,50

Heft 3: Ministerialdirigent
F. W. Maier-Bode, Düsseldorf:
Die drei Stufen der Düngung. 1948
54 Seiten, 2 Tabellen, ca RM 3.—

Heft 4: Prof. Dr. Sessous, Göttingen:
Wege und Ziele der Pflanzenzüchtung
(in Vorbereitung)

Heft 5: Prof. Dr C. H. Dencker, Bonn:
Motorisierung der Landwirtschaft
(in Vorbereitung)

Heft 6: Ob.-Reg.-Rat R. Hüttebräuker
Düsseldorf:
Gerechte Veranlagung oder Erfassung?
Wege zur Veranlagung nach Gesichtspunkten der Erzeugung (in Vorbereitung)

Die Reihe wird fortgesetzt. Andere Themen folgen.

GPSR Compliance
The European Union's (EU) General Product Safety Regulation (GPSR) is a set of rules that requires consumer products to be safe and our obligations to ensure this.

If you have any concerns about our products, you can contact us on

ProductSafety@springernature.com

In case Publisher is established outside the EU, the EU authorized representative is:

Springer Nature Customer Service Center GmbH
Europaplatz 3
69115 Heidelberg, Germany

www.ingramcontent.com/pod-product-compliance
Ingram Content Group UK Ltd.
Pitfield, Milton Keynes, MK11 3LW, UK
UKHW040027200726
13854UKWH00001B/401

* 9 7 8 3 3 2 2 9 8 3 0 7 7 *